一百万是多少？了不起的数学魔法师

怎样赚到一百万？

[美] 大卫·施瓦茨—著 [美] 史蒂文·凯洛格—绘 毛蒙莎—译

了不起的数学魔法师
诚聘
乐观开朗、干活积极的
小帮手

中信出版集团 | 北京

献给对我而言既是亲人也是朋友的丽塔和杰瑞，呈上百万谢意！

－大卫·施瓦茨－

献给伟大的特里梅因……送上一百万次爱的欢呼！

－史蒂文·凯洛格－

图书在版编目（CIP）数据

怎样赚到一百万？/（美）大卫·施瓦茨著;（美）
史蒂文·凯洛格绘; 毛蒙莎译. -- 北京 : 中信出版社,
2020.10（2021.1 重印）
（一百万是多少？了不起的数学魔法师）
书名原文 : IF YOU MADE A MILLION
ISBN 978-7-5217-1983-3

Ⅰ.①怎… Ⅱ.①大…②史…③毛… Ⅲ.①数学 –
儿童读物 Ⅳ.①O1-49

中国版本图书馆CIP数据核字（2020）第106531号

怎样赚到一百万？

（一百万是多少？了不起的数学魔法师）

著　者：[美]大卫·施瓦茨
绘　者：[美]史蒂文·凯洛格
译　者：毛蒙莎
出版发行：中信出版集团股份有限公司
　　　　　（北京市朝阳区惠新东街甲 4 号富盛大厦 2 座　邮编　100029）
承　印　者：北京图文天地制版印刷有限公司

开　本：787mm×1092mm 1/16　印　张：3　字　数：40千字
版　次：2020年10月第1版　印　次：2021年1月第2次印刷
京权图字：01-2020-1778
书　　号：ISBN 978-7-5217-1983-3
定　价：45.00元

出　品　中信儿童书店
图书策划　如果童书
策划编辑　宿欣
责任编辑　陈晓丹
营销编辑　张远
美术设计　韩莹莹
插画改编　许美琳
内文排版　北京沐雨轩文化传媒
版权所有·侵权必究
如有印刷、装订问题，本公司负责调换。
服务热线：400-600-8099
投稿邮箱：author@citicpub.com

声明：本书封底的推荐语来自英文原版书封底以及亚马逊网站。

欢迎各位小帮手！魔法世界有各种工作等你们完成，想赚到更多的钱，就来挑战吧！

祝贺你！喂饱了这条小鱼，你就赚到了 1 分钱。

赚到钱以后，你可以用它去买任何价格是 1 分钱的东西。

鸭子雕像被你打扫干净了，真不错！ 5 分钱现在归你啦。

你可以拿走 1 枚 5 分硬币

或者 5 枚 1 分硬币

刷漆有点难度，不过你完成得很出色！这 1 角钱是你应得的。

你可以拿走 1 枚 1 角硬币

或者 2 枚 5 分硬币

又或者 10 枚 1 分硬币

努力吹气吧，小帮手们！你们马上就能赚到 5 角钱了。

你可以拿走 1 枚 5 角硬币

或者 5 枚 1 角硬币

你还可以选择 4 枚 1 角硬币加上 2 枚 5 分硬币

或者 10 枚 5 分硬币

喷泉失控了！花点时间修好它，你的口袋里就会多出 1 元钱了。

你可以拿走 1 张 1 元纸币

或者 2 枚 5 角硬币

修理
失控的喷泉
赚1元

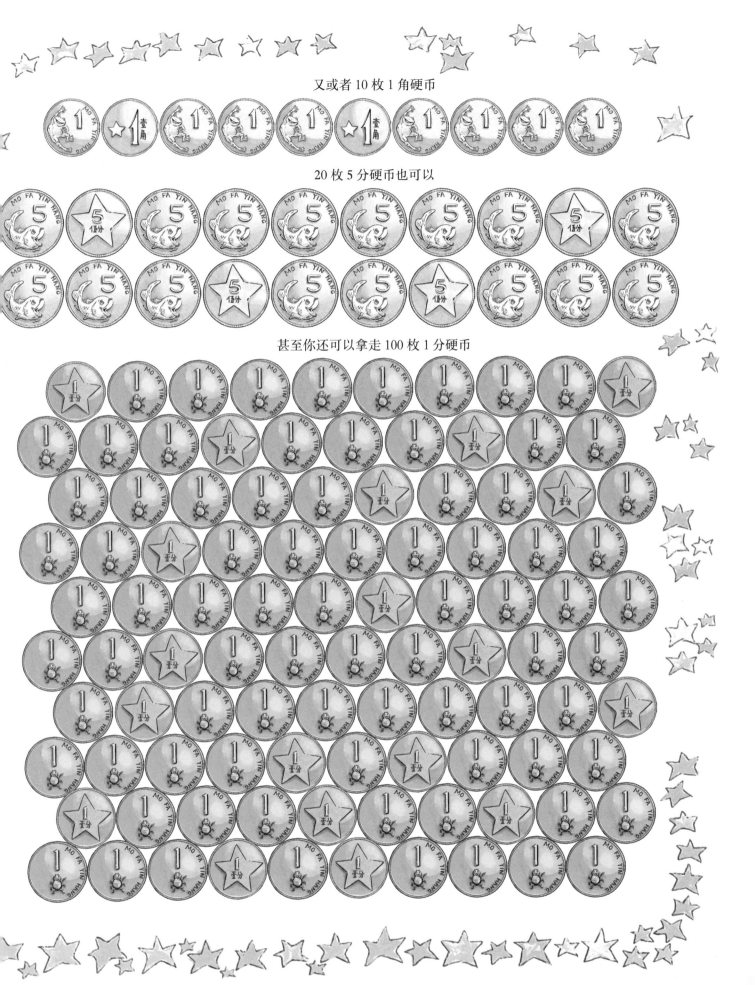

又或者 10 枚 1 角硬币

20 枚 5 分硬币也可以

甚至你还可以拿走 100 枚 1 分硬币

如果你想把赚到的 1 元钱花掉，可以买的东西有很多。比如你可以买 100 颗价格是 1 分的糖果，

或者 20 个价格是 5 分的气球。

你也可以买 10 张价格是 1 角的贴纸，或者 2 个价格是 5 角的橡皮球。

当然，你也可以把这 1 元钱攒下来。

存进魔法银行就是个好主意。

魔法银行想要借用你的钱，为了吸引你把自己的 1 元钱在银行存放一整年，它会多付给你 5 分钱。

一年后，你取钱的时候，1 元变成了 1 元零 5 分钱。多出来的这 5 分，就是"利息"。

如果你把 1 元钱在银行里存放 10 年，它就能为你赚到 6 角 4 分的利息。

你还想赚更多利息？那就耐心地等上 20 年吧。

这样，1 元就能增加到 2 元 7 角啦。

谢谢你，在我们去魔法银行的时候做了一个这么大的蛋糕。

这个蛋糕味道好极了！作为回报，你将得到 5 元钱。

你可以选择拿走一张 5 元的纸币，

或者 5 张 1 元的纸币。不过，不管你挑哪个，它们的价值都是相等的。

给马场割草可不容易，坚持住，10元钱马上就归你了。

你希望我怎么支付给你？

1 张 10 元的纸币，还是 2 张 5 元的纸币？ 10 张 1 元的纸币也没问题。

如果你想要 1 张 5 元的纸币和 5 张 1 元的纸币也可以。

随你挑，反正价值都是 10 元。

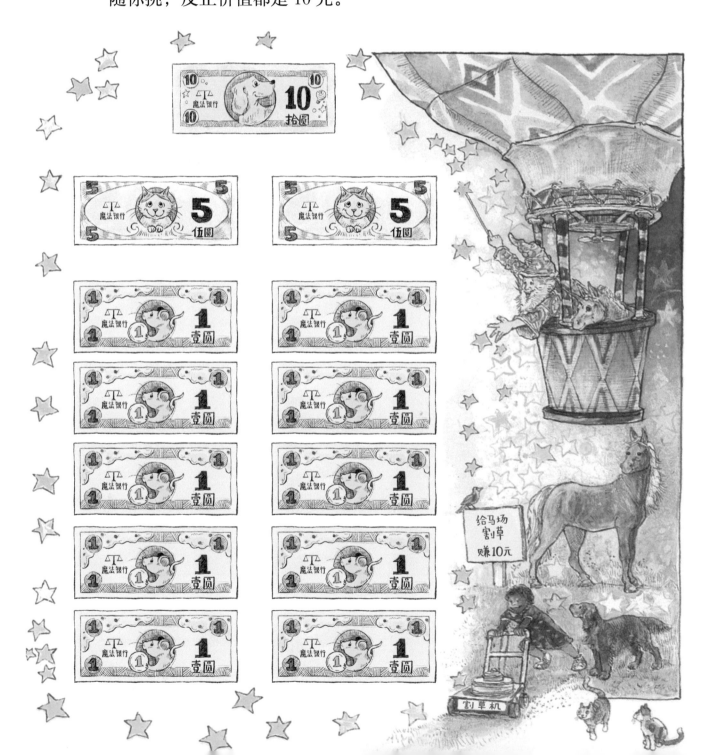

要是你更喜欢硬币，我可以给你 1000 枚 1 分硬币。不过，它们摞起来可比你高多了！

如果你不想要那么多 1 分硬币，也可以换成 200 枚 5 分硬币，它们摞起来也比猫咪要高。

我也可以给你 100 枚 1 角硬币，这下它们摞起来就没有猫咪高了。

如果你想要 20 枚 5 角硬币也没问题，它们摞起来又矮了一大截。

10元钱能买的东西就更多了。你可以买几只可爱的小猫或者堆满一辆购物车的猫咪零食。

或者，你可以带妈妈去看场电影。

不过，也许你更愿意把钱存起来。把 10 元钱在银行里放上 10 年，就能赚到 6 元 4 角的利息，到时候你就有 16 元 4 角啦。

把这笔钱存上 50 年会发生什么？10 元会变成 138 元零 2 分啦！

你们选的工作很有挑战性，种好大树以后，你们就能赚到 100 元了。

听说你们打算用 100 元买张机票，去海边舒舒服服地度个假？

买票时，你可以给对方 1 张 100 元的纸币或者 2 张 50 元的纸币，还可以是 5 张 20 元的纸币。

还有很多组合方式可以组成 100 元，比方说 6 张 5 元的纸币，加上 3 张 10 元的纸币，再加上 2 张 20 元的纸币。

你们想怎么支付？

什么?! 你们要用 1 分硬币来付钱?

那得准备 10000 枚才行，它们摞起来可有好几层楼高呢。

你努力工作，终于赚到了 1000 元。你打算给自己买只宠物？

当然可以！对你来说这是最好的奖励。

你既可以用硬币支付，也可以用纸币支付。

假如你不愿带着 1000 元的现金到处跑，可以把钱存进魔法银行里，

买河马的时候开张支票＊就行了。

银行收到支票后，会替你把 1000 元交给河马商人。

格蕾丝

向 __贺拉斯·可爱多先生__ 支付 __1000.00__ 元

__壹仟圆整__

魔法银行 ____格蕾丝____

＊这里提到的支票是一种票据，由付款的出票人（格蕾丝）签发，委托办理支票业务的银行（魔法银行），
支付确定的金额（1000 元）给收款的持票人（可爱多先生），这种业务在国外比较常见。——编者注

你把支票交给河马商人以后，他会把支票送到银行。

银行收到支票后，会把它交给一家十分忙碌的票据清算所。

接着，票据清算所会通知你存钱的银行，从那里取出 1000 元，存到河马商人那里。

假如你拿一大堆 1 分硬币去买 1 万元的摩天轮，恐怕销售商会不高兴。

就算你扛过去的是 1 万张 1 元的纸币，他们也得数上好一阵子呢。

这个时候，轻便的支票或许是最好的选择。

有没有什么工作比卖摩天轮赚得更多？

建一座桥可以赚 5 万元，看来你已经出色地完成了这项工作。

你刚刚在报纸上看到有人在卖城堡？这真是一座破破烂烂、没人喜欢的城堡。不过，好好装修一下，城堡就会焕然一新的。

城堡的价格是 10 万元，可你只有 5 万元，还差 5 万元，这可怎么办？

别担心，办法总是有的。

你可以把自己的 5 万元先付出去，剩下的 5 万元向银行借。

这样城堡就是你的了。不过，之后你得把借来的钱还给银行，每个月还一次，每次还一点儿……

很多很多年以后你就能还清了。

　　不过，你还给银行的钱，要比你借的多一些。

　　你已经知道，当银行使用你的钱时，必须向你支付利息。同样，如果
你反过来借用银行的钱，也得给银行一笔钱。这笔钱，我们也称为利息。

好了，小帮手们，你们已经在魔法世界做了那么多有意思的工作，也赚到了很多钱。现在，想不想来挑战一下终极任务？

假如你们觉得照看恶魔宝宝既刺激又有趣，那就愉快地接受挑战，把钱包塞得鼓鼓的吧。

当然还有另一种可能，就是你很不愿照看这个任性的小恶魔，也不喜欢修建笨重的桥梁或给瓶瓶罐罐上色。你认为与挣钱相比，做自己喜欢的事情才更重要。这时，你该找自己喜欢的工作，或是重新制订一份低消费的人生计划。

谢谢你们决定留下来照顾恶魔宝宝，他看起来非常高兴。

现在，100 万元是你们的了！

天哪！ 100 万元！

如果这 100 万元全部换成 1 分硬币，那它们摞起来会非常非常高；

如果全部换成 5 分硬币，那它们都可以装满一辆校车了；

如果全部换成 5 角硬币，那它们就跟一头小鲸鱼一样重啦。

或许你们更想要纸币？

100万张1元的纸币也够沉的。那可是厚厚的一摞，摞起来有20多层楼高呢。

你们勇敢照看恶魔宝宝赢得的奖赏是100万元，那可是1万张100元的纸币呢。

不过，假如你们收到的是一张100万元的支票，不费吹灰之力便能把它塞进口袋或钱包里。

这薄薄的一张纸，价值可是跟堆得高高的硬币或纸币一样的呢！

有了 100 万元，你们都可以去月球上旅行啦。

当然，你们也可以用这笔钱买下一片土地，让濒临灭绝的犀牛们有一个温暖的家。

如果你们更想把这笔巨款攒起来，那就把它存进魔法银行，让它产生利息吧。

如果魔法银行的年利息是 5.25%，这 100 万元每周能为你们产生约 1000 元的利息，也就是说，你们每天能获得约 144 元的利息，每小时能获得约 6 元的利息，每分钟都能获得约 1 角的利息。

而你们要做的，仅仅是把钱放在银行里！

只要你们每天花得不多，这些利息就足够养活你们了，从今往后，即使不工作，也一样能过得很好。

不过，有人会喜欢这样的生活，也有人会觉得这样的人生实在太无趣了！

赚到很多钱之后，你们也会面临很多选择。

如果你赚了 100 万元，你会用它来做什么呢?

魔法师手记

没有钱的世界是什么样的？

　　我们很难想象一个没有钱的世界会是什么样子。不过，在很久以前，世界上的确不存在钱这种东西。假如你生活在那个时代，当你想买些河狸毛皮做件外套时，就得拿其他东西去交换。如果你养了几只山羊，你或许能用其中一只换到两张河狸毛皮。有些时候，这样的交换会进行得很顺利，但如果你每次出门买东西都得牵着一只山羊，那可真是太麻烦了。此外，要是你只想买一张河狸毛皮，你就没办法拿着半只羊去交换。人们渐渐意识到，物物交换有很多缺点。终于有一天，钱出现了。

　　任何物品都可以当作钱来使用，只要大家都同意给这种物品确定一定的价值，并在交易商品（比如购买摩天轮）和服务（比如给牧场割草）时用它作交换就行了。一些曾经被人们当作钱来使用的物品，会让你惊讶得说不出话来。古罗马人用盐来给士兵支付薪水，拉丁语里的盐是"salarium"，而英语中的"工资"（salary）一词就是由此而来的。香料、奶酪、贝壳、豆子、丝绸、鱼钩……甚至橡皮糖和啄木鸟的头皮，都曾被人们当作钱来使用。假如你住在一个把鱼钩当钱使用的地方，你就可以先卖掉一只山羊，再从卖山羊赚到的——可能是500只鱼钩里拿出250只来，去购买一张河狸毛皮。

　　渐渐地，人们开始在交易商品时使用硬币。随身携带硬币可比牵着山羊到处跑轻松多了，人们也都乐意认可硬币具有的价值，因为这些硬币都是用珍贵的金属铸成的，例如铜币、青铜币、银币，

尤其是金币。但是硬币也有缺点：假如你正在购买或出售的是一件很贵重的商品，那把交易所需的硬币扛起来可够沉的。

中国人在宋朝时就发明了纸币，解决了硬币太重的问题。纸币本身并不值钱，但政府在发行纸币时明确规定了它的价值。在当时，有人想要买一件价值等同于5千克金子的物品，他不必扛着沉甸甸的金子，只需把同等价值的纸币交到对方手里就行了——尽管纸币只是几张轻飘飘的纸，但它们的价值却有政府作担保。（后来，中国的皇帝还颁布律法，规定任何人都不得私自制造纸币，明朝的纸币上甚至印了伪造纸币者会被处死的警告。）

如今，各国政府都在做着相同的事情。在美国，政府会发行价值是1美元、5美元、10美元、20美元、50美元和100美元的纸币。历史上，美国政府发行过500美元、1000美元甚至价值更高的纸币，最大面额曾达到100000美元，不过这些大额纸币现在都已被废除了。对于价值低于1美元的货币，政府发行的是硬币。常见的美元硬币有1美分硬币（penny）、5美分硬币（nickel）、10美分硬币（dime）和25美分硬币（quarter）。偶尔你也能见到0.5美元或1美元的硬币，不过跟其他几种硬币比起来，它们极为少见。决定货币价值的不再是制造它们的材料，而是发行货币的政府。

银行可不是储蓄罐！

人们用自己辛苦挣来的钱买东西时会特别开心。不过，也许你并不想一下子就花光所有的钱，那么选择把钱存进银行会带来很多好处。

当你带着钱走进银行时，你可以把钱存进储蓄账户里。

当好心情与高效率公司的小帮手赚到1元钱后，他就可以把这

笔钱存进银行的储蓄账户里。不过，虽然他把钱交给银行代为保管，但这笔钱不会一动不动地躺在银行里等着他以后来取。银行可不是储蓄罐！你投进储蓄罐里的硬币会耐心地等你有一天把它们倒出来，当你真这么做时，倒出来的硬币还是当初装进去的那些。但是你把1分（或1元、100万元）存进银行，等你取钱时，银行给你的并不是你之前存进去的那枚1分硬币（也不是你亲手交给银行的那些价值1元或100万元的硬币或纸币），因为你的那些钱已经被银行拿去使用了。

　　银行会把钱借给想要买车、买房、开公司的人，或是借给其他需要用钱，可手头却没有那么多钱的人。银行借给这些人的钱，就是你和其他人存在储蓄账户里的那些钱。银行为了鼓励大家把钱存进储蓄账户，会向存钱的人支付一定的利息。如果你想搞清楚银行是怎么计算利息的，你就得知道什么是分数，什么是小数，什么是百分比。

　　你可能很想知道自己存进储蓄账户里的钱能赚到多少利息。假设银行的存款年利率是5.25%，你把100元存进银行，在一年的时间里，你就能获得5.25元的利息，即100美元×5.25%=5.25元。加上你存进去的100元，总共是105.25元。你可能会以为，再过一年，你又可以获得5.25元的利息，之前的100元就会增加到110.50元。不过，银行给你的钱实际上比这个要多，因为从第二年起，银行计算利息的方式会有一些小小的变化。这时，你赚到的钱有个专门的名字，叫作"复利"。现在，我们就来讲一讲复利是怎么一回事。

　　我们假设银行每年都会帮你结算一次利息。如果你存了100元，第一年过后，你将获得5.25元的利息，这时你的储蓄账户里有105.25元。所以，在第二年，你的账户里实际上有105.25元，因此银行必须以这个钱数为基础，按照5.25%的年利率向你支付利息，

你能获得5.53元，即105.25美元×5.25%≈5.53元。你发现了吗？你在第二年赚到的利息比第一年多，这是因为在第二年，你能够产生利息的钱变多了——除了最初存的100元，还要加上第一年获得的5.25元利息。换句话说，你是在用利息赚取利息。这种"利滚利"的形式，就是我们所说的"复利"。

按照复利来计算，两年过后，你将拥有110.78元（100元+5.25元+5.53元）。第三年，你将赚到110.78元×5.25%≈5.82元。就像第二年的利息比第一年多一样，第三年的利息也会比第二年多。复利的美妙之处，就在于你每一年拿到的利息都比前一年要多。

借贷

要想买下伤心城堡，好心情与高效率公司的那位小帮手必须向魔法银行借5万元。银行则会从客户们存在储蓄账户里的钱中拿出5万元借给他。银行要向借钱给自己的储户支付利息，同样，它也必须向找自己借钱的人收取利息。事实上，银行向储户支付的利息比它向借债人收取的利息要少——这样，银行自己就能赚到钱啦。银行跟宠物商店、摩天轮公司和电影院一样，工作内容都是做交易，而这些交易都以赚钱为目的。

在借钱给客户时，各家银行的利率不一定相同。即便是同一家银行，每天的贷款利率也可能是不同的。假如你想向银行借钱，那么你最好找到当天利率最低的那家银行。如果所有银行的利率都很高，那不妨等上一阵子——几个月或一两年之后，贷款利率说不定就会降下来。那时，伤心城堡或许已经被人买走了，可没准儿又有其他人打算卖掉一幢巴洛克宅院呢。

也许你会比较熟悉另一种方式的借贷。当你用信用卡购物时，实际上也是在进行小额借贷。你不必马上就付钱，因为当你刷卡时，给你发信用卡的那家银行就会自动把钱借给你。几个星期后，你会收到银行寄来的账单，这是它在催你还钱呢。这时，如果你能立刻还清欠款，通常就不需要向银行支付利息。但如果你不能一下子还清所有欠款，银行就会对剩余欠款收取一定的利息——这种借贷形式的利率通常会比较高。信用卡看起来简便，有时却也很"烧钱"哟。

个人所得税

在好心情与高效率公司里，心情好、效率高的小帮手们每做一个蛋糕就能挣到 5 元，每移植一棵大树就能挣到 100 元，每修建一座桥梁就能挣到 5 万元。不过，一旦他们知道这些钱并不能全部装进自己的口袋，恐怕就不会像现在这么快活了。之所以会少一部分，是因为每个人都要从自己挣到的钱里拿出一部分交给政府，这笔交出去的费用就是"个人所得税"。没人会喜欢缴纳个人所得税，不过大多数人都明白，政府必须通过收税来提供我们所需要的服务，比如修建道路、学校、公园、机场、球场，甚至还包括组建军队。

大多数人都得把自己收入中的一部分拿来交税。这样一来，你想实实在在地攒下 1000 元，挣到的钱就得多于 1000 元才行。也就是说，要想在自己的银行账户里存满 100 万元，你实际挣到的钱得远远超过这个数字。事实上，你还得为银行支付给你的利息缴纳个人所得税，因为这些利息跟你给瓶瓶罐罐上色和给牧场割草挣到的钱一样，也是你收入的一部分。